机器人世界

工作和娱乐用机器人

[英] 史蒂夫 · 帕克（Steve Parker）著
杨飞虎　王竞男　译

机械工业出版社
CHINA MACHINE PRESS

ROBOT WORLD: Robots for Work and Fun/by Steve Parker/ISBN 978-1-4451-0035-7

图书在版编目（CIP）数据

机器人世界．工作和娱乐用机器人／（英）史蒂夫·帕克（Steve Parker）著；杨飞虎，王竞男译．—北京：机械工业出版社，2017.5

书名原文：Robots for Work and Fun

ISBN 978-7-111-56852-0

Ⅰ．①机… Ⅱ．①史… ②杨… ③王… Ⅲ．①机器人－青少年读物 Ⅳ．① TP242-49

中国版本图书馆 CIP 数据核字（2017）第 105206 号

机械工业出版社（北京市百万庄大街 22 号 邮政编码 100037）

策划编辑：黄丽梅 责任编辑：黄丽梅 王春雨

责任校对：刘雅娜 封面设计：陈 沛

责任印制：李 昂

北京中科印刷有限公司印刷

2017 年 7 月第 1 版第 1 次印刷

214mm×284mm・2 印张・2 插页・54 千字

0001—6000 册

标准书号：ISBN 978-7-111-56852-0

定价：35.00 元

凡购本书，如有缺页、倒页、脱页，由本社发行部调换

电话服务

服务咨询热线：010-88361066

读者购书热线：010-68326294

010-88379203

网络服务

机工官网：www.cmpbook.com

机工官博：weibo.com/cmp1952

金书网：www.golden-book.com

教育服务网：www.cmpedu.com

目　录

工作用途与娱乐用途

在工厂工作的机器人，能够把螺钉装进螺纹孔里，这可能远不如一只会走路、会说话，可以学会诸如“停止”“坐下”等口头指令的玩具狗听起来有意思，可是为工作而创造的机器人和用于休闲娱乐的机器人虽然看起来很不一样，但是它们的内部结构却有许多相似的部分。

可以一直工作

现在，越来越多的机器人被应用到工厂、办公室、学校、医院、科学实验室和家庭中。通常它们会完成一些简单的工作和任务，完成这些任务需要做出某种运动或动作，例如喷漆或把东西放进箱子里。这些机器人通常有一条手臂或者类似的可运动部件来完成它们的工作。少数情况下，机器人可以利用轮子来回移动。

现在，很多制造汽车的机器人被用于焊接和安装螺钉的工作中，它们把各零部件组装在一起，清洗、喷漆、抛光。它们总能按时完成工作，还不会有任何抱怨。

他们互相看着对方，有可能小玩具机器人在等待主人的指示，也有可能主人在等着看机器人想做什么。

机器人玩具来了，玩吧！

除了在工厂和其他场所工作的机器人，有些机器人被用来让人开心，或者用有趣的笑话和滑稽的动作逗人们笑。这些是为娱乐而设计的玩具，一般数量不是很多。

也有一些机器人介于工作和娱乐之间，它们在逗人们开心的同时也能帮助人们学习一些知识。比如它们可以教人们学习新语言，带人们一起了解不同国家的信息，如何爱护自然，以及怎样照顾人们的宠物，甚至会告诉人们机器人是如何工作的。

是机器人吗？

太简单的不是机器人

那么，什么是机器人呢？一只带有轮子和发条的玩具老鼠算机器人吗？一只电池驱动可以走路的玩具狗是机器人吗？准确地说都不是。虽然这些玩具和大部分机器人一样有可动部件，但是与机器人不同的是，它们不会检测到周围发生了什么，不能看到或听见，没有触感，不能决定要做什么，也不能被它们的主人指挥或编程。它们只是简单的玩具，并不是真的机器人。

能量供给

大多数机器人都可以在没有人类帮助的情况下自主完成工作。一旦一个工厂机器人的工作程序已经设置好，比如用某种方式移动它的机械臂，那么接下来它通常不用人们帮助就可以完成工作，但无论如何，当超过一定时间，机器人就会需要人们提供能源补给。

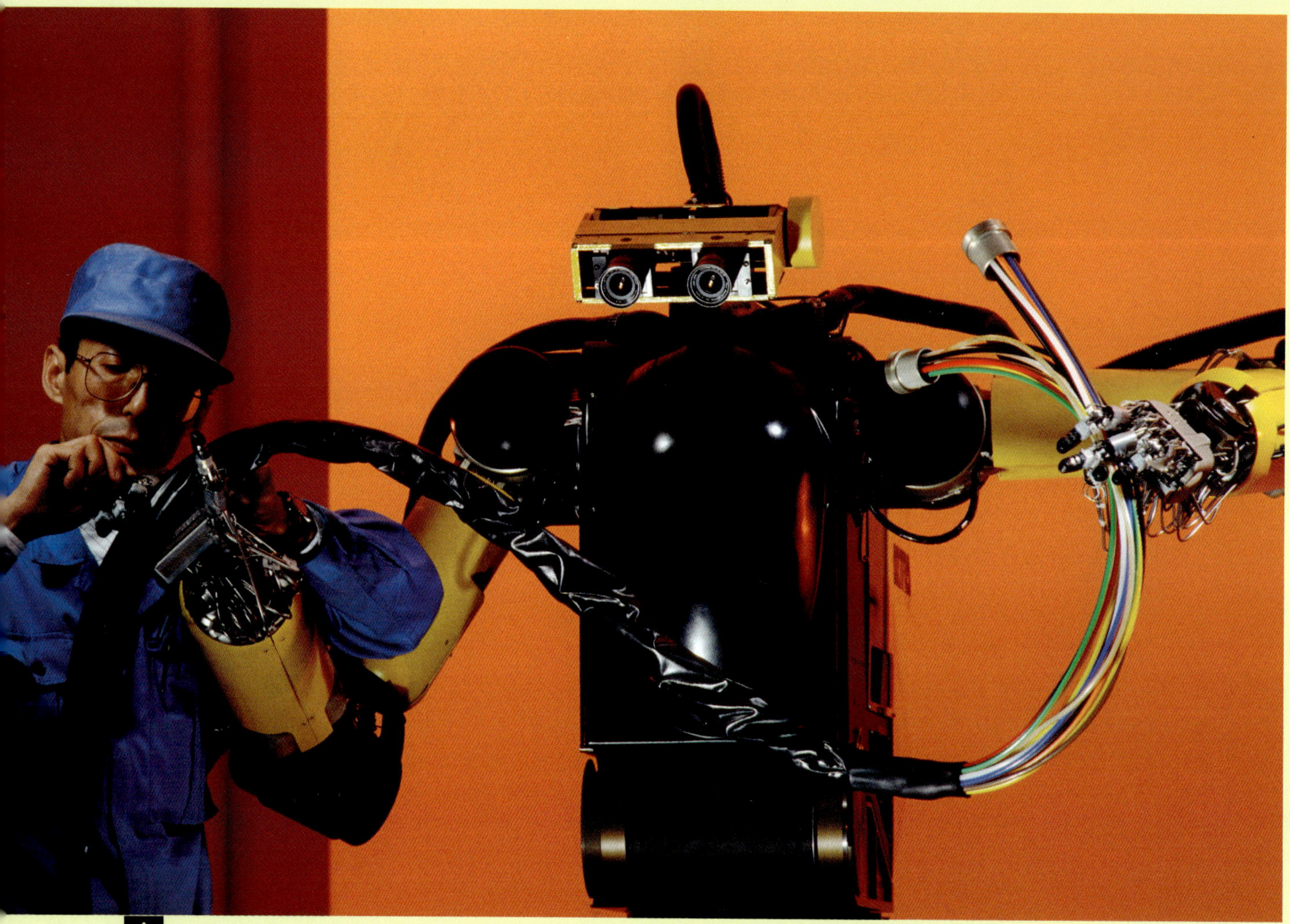

▲机器人可以在核电厂中可能存在有害射线的区域展开工作。指挥员可以隔着厚厚的防护层在安全的地方查看机器人的动作。

需要电力供应

大多数机器人需要电力供应。大部分玩具机器人利用小型电池工作。大型的工作机器人需要更强大的电力供应，通常用电缆进行传输。很多机器人被安装在固定的位置，以使电力供应更可靠。移动的工作机器人，如无人驾驶的卡车，装有很大的可充电电池。这些移动机器人大部分需要人类帮它们接入主电源，给它们的电池充电。少部分最先进的机器人可以自己接入电源充电。

特殊需求

有些机器人是液压机械，利用像水或油这样的高压液体工作。液压能给机器人提供巨大的力量去切割、弯曲和对原料塑形，甚至加工坚硬的金属也没问题。还有些机器人是气动机械，利用高压气体工作，例如用于吹尘和除垢的机器人，或一些利用燃烧天然气来给物体加热的机器人。

很多机器人需要原料供应，例如加热小块的塑料颗粒制成塑性成品，或把化学品混合在一起制成产品。机器人还需要补给润滑油，润滑油可以使部件之间摩擦力降低，安装零件也更容易。

PUMA通用机器人是由通用机械手公司专为通用汽车制造的，这个1980年的版本展示了它可以做的工作。

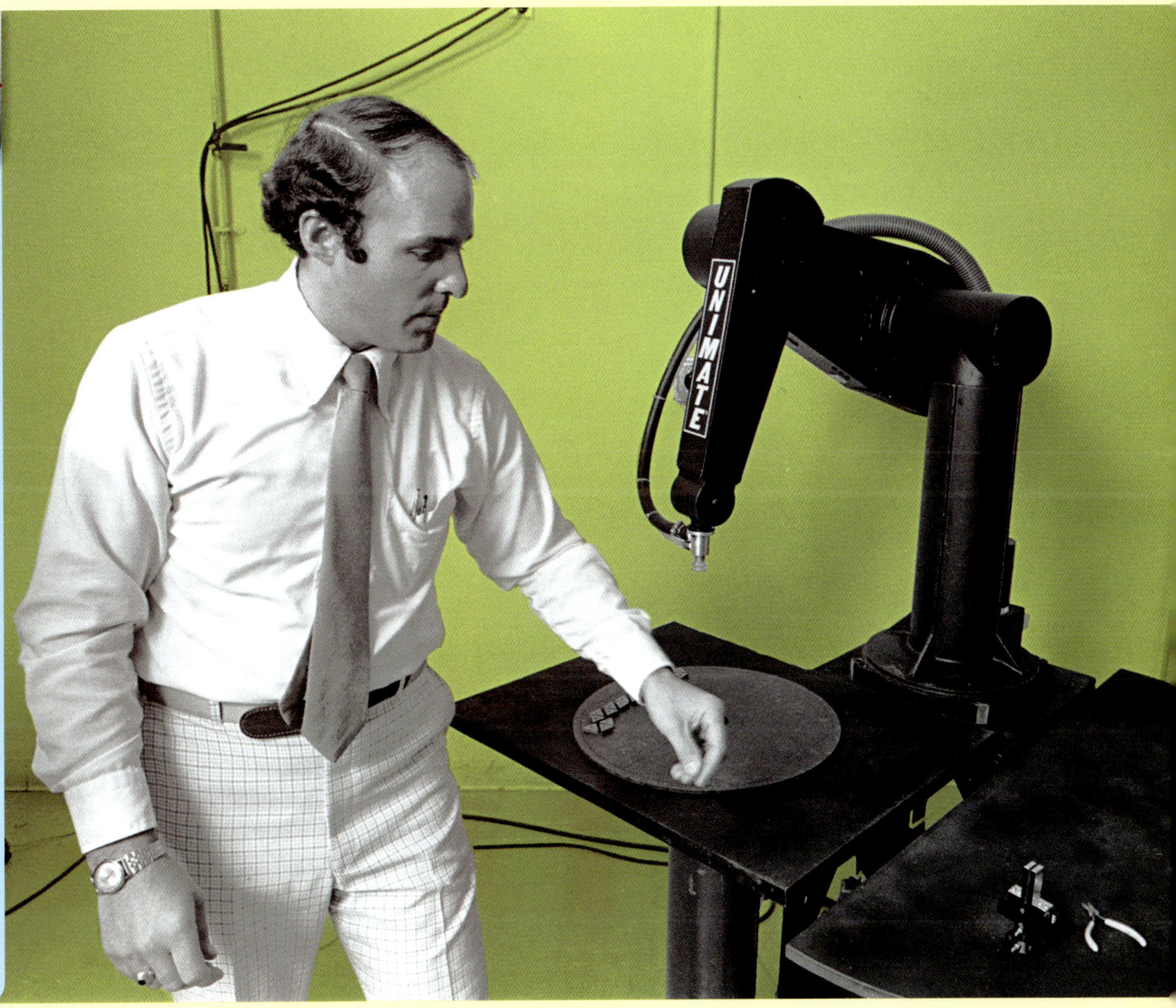

机器人明星

PUMA

PUMA是最著名的工业机器人之一，它代表了专为装配生产线而生的可编程通用机械。这个理念创造出了一类只要给出正确的指令就能做几乎任何工作的工业机器人。PUMA发展于20世纪70年代，卖出了几百个。随着机器人技术的发展，这种机器人已经逐渐被更加专业的机器人取代。

机器人的博客

一个悲伤的结局

我的主人整个星期都在和我玩儿。现在我的旧电池几乎用完了。过不了多久它们就该没电了。为什么就不能给我换上新的充电电池？那样我就又能满血复活了。现在我已经完全动不了了……

可靠的机器工人

如果列一份清单写明机器工人所有能干的活儿，那几乎可以把这本书写满了。很多机器人在工厂、工业中心、仓库和制造业单位工作，它们可以推、拉、抬、扭、挤、拉伸、喷、锯、钻、定位，还可以把各种原材料放到适当的位置。机器人可以帮人们制造我们所有的日常用品，从画笔和铅笔到计算机和汽车。

大批量生产

几乎任何形式的大批量生产都会涉及机器人。很多人都知道，机器人可以在汽车行业从事焊接、打磨、喷漆和抛光等工作，除此之外，机器人也可以安装螺丝钉、螺栓、螺母和铆钉等。机器人固定在某处操作物体，可以举升并操控物体，使它们分开或合并，或将它们从一个地方搬到另一个地方。多数情况下，大型机械臂比人类的力量要大很多倍，可以轻松地举起几吨的重物。微型机械手可以用来处理微小细致的部分，如特别小的电脑芯片，这么小的芯片如果用人们的手指处理会非常不方便。

这个名叫泰坦的大型机械臂没有安装轮子，而且重量很大，靠人力很难搬动它，所以人们用叉车把它运到工作地点。

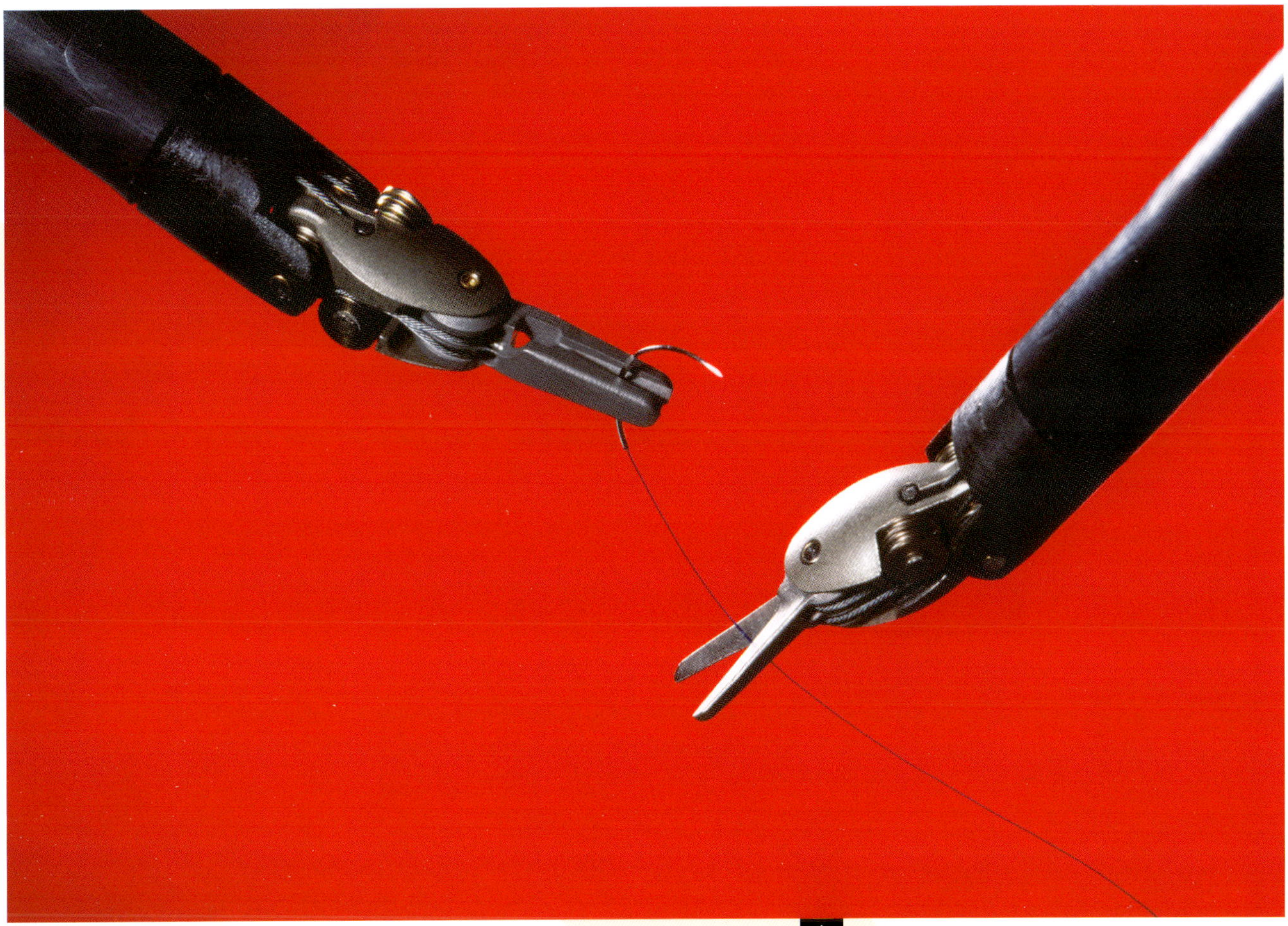

▲ “达·芬奇”是一个可以进行手术的机器人外科医生，其微小的机械关节可以模仿很多人的手腕和手的运动。不同的前端工具具有不同的用途，如用针线缝合伤口或用剪刀剪断缝合线。

挑拣机和打包机

机器人打包机从大集装箱里或传送带中捡起商品，把它们整齐码放在箱子里。机器人挑拣机沿着巨大的仓库货架来回移动，在不同的地方挑拣出商品，然后把它们带回基地中心发送给客户。机器人货车和手推车被称为自动引导车，向各处运送货物，它们在地板下的电缆或者看不见的红外线的引导下在工厂附近移动。

当机器人接受人类主人的指令或被输入程序之后，它可以成千上万次地完成同一个任务，还不会感到疲倦和无聊。

◀ 中国的农民吴玉禄以制造机器人为嗜好。这是一个可以拉着他到处走的推车机器人。

机器人明星

超快速的处理者

一些机械臂或搬运机器人能以惊人的高速度移动它们的手臂。它们可以拿起物品，精准定位后放下，这样循环着每分钟处理超过200件物品。处理速度超过了3件每秒。在桌子上放50个回形针，然后看看你用多长时间可以把它们放进盒子里，如果超过了15秒，你的速度可就赶不上机器人喽！

家务机器人

家里要做的家务总是很多：整理、清洗、熨烫、除草，甚至清洁游泳池……现在，机器人已经可以胜任其中的一些工作，为人们腾出更多的时间。

机器人伦巴

机器人吸尘器伦巴自2002年诞生以来就大受欢迎。除尘时，它通过接触式保险杠和探测用红外光束来寻找工作线路。工作完成后，它会返回大本营给电池充电。2009年，伦巴在美国宾夕法尼亚州匹兹堡的卡内基科学中心的机器人世界博览会上成为机器人名人堂成员。

清洁

清洁和打扫是最无聊的家务活儿之一。当人们外出的时候，机器人吸尘器可以在家里四处游走进行除尘和除垢工作。它们用触控面板、红外线和超声波之类的传感器，避开家具、墙壁和楼梯。有些型号的机器人打扫路径是随机的，因此它们的清洁工作最终能覆盖整个房间。还有一些机器人吸尘器装有计算机存储器，可以知晓打扫过程中每个房间的地图。

机器人保安在建筑物和工作场所巡逻，还能检查护栏和门窗。如果探测到有入侵者，它们会马上通知它们的主人。

是机器人吗？

自动洗碗机

洗碗机是机器人吗？让我们来分析一下，它有运动部件，可以执行一个任务，并且我们可以设置它的清洗程序，例如快速清洗或只是冲一下。但是，洗碗机不能自己决定任何事情或是感觉和回应它周围的事物。如果它可以从桌子上收拾脏盘子，洗干净后再把盘子放进碗柜里，那么它就是一个真正的机器人了！

除草

室外，机器人割草机自己在草坪上漫步。它的传感器检测到障碍物，比如树、石头、玩具和花坛等，并由此改变方向，最终使所有的草都被修剪过。以类似方式运行的机器人还有泳池清理机，它在游泳池的墙上和底部爬行，刷洗并吸走污垢和泥土。

监控机器人

网络摄像头是一种传送图像到联网计算机上的摄像机。移动式摄像头可在其周边巡视并能显示它们看到的图像，如房间的布局、门口方向和家具位置，再通过互联网，这些监控机器人就可以让你看到，当你不在的时候，你的家或工作场所发生了什么。

机器人训练

新的机器人到达工厂后准备开始工作，这时人们应该教机器人如何执行它的任务，然后盯紧它，以防出现纰漏。

计算机程序

对工作机器人发出指令的方法有好几种，其中一种是使用计算机编写它的动作程序。想象一下机械臂的第一个动作是将其抓手向右移动30厘米去捡起一个物品。计算机指令可能是‘移动 0，30，0’，这表示上下移动是0厘米（没有），向右移动30厘米，前后移动是0厘米。下一个动作可能是‘移动40，－60，20’，这表示机械臂抓手上升40厘米，向左移60厘米（负号表示左而不是右），向前移20厘米。这些编号的位置被称为坐标。程序员使用坐标告诉机械臂抓手在每个阶段需要移动到哪里。

机器人的未来

口头指令

随着计算机芯片的处理速度变得越来越快，功能也更加强大，机器人因此变得更加聪明，尤其在语音识别和理解人类语言方面。人们通过和工作机器人交谈就可以指导它们的工作，例如说：“把物体放在盒子里”或“拧紧螺钉”。

▼ 机器宠物狗可以被训练坐下和翻身。操作员将程序输入它的计算机芯片“大脑”，然后通过它的麦克风发送口头指令。

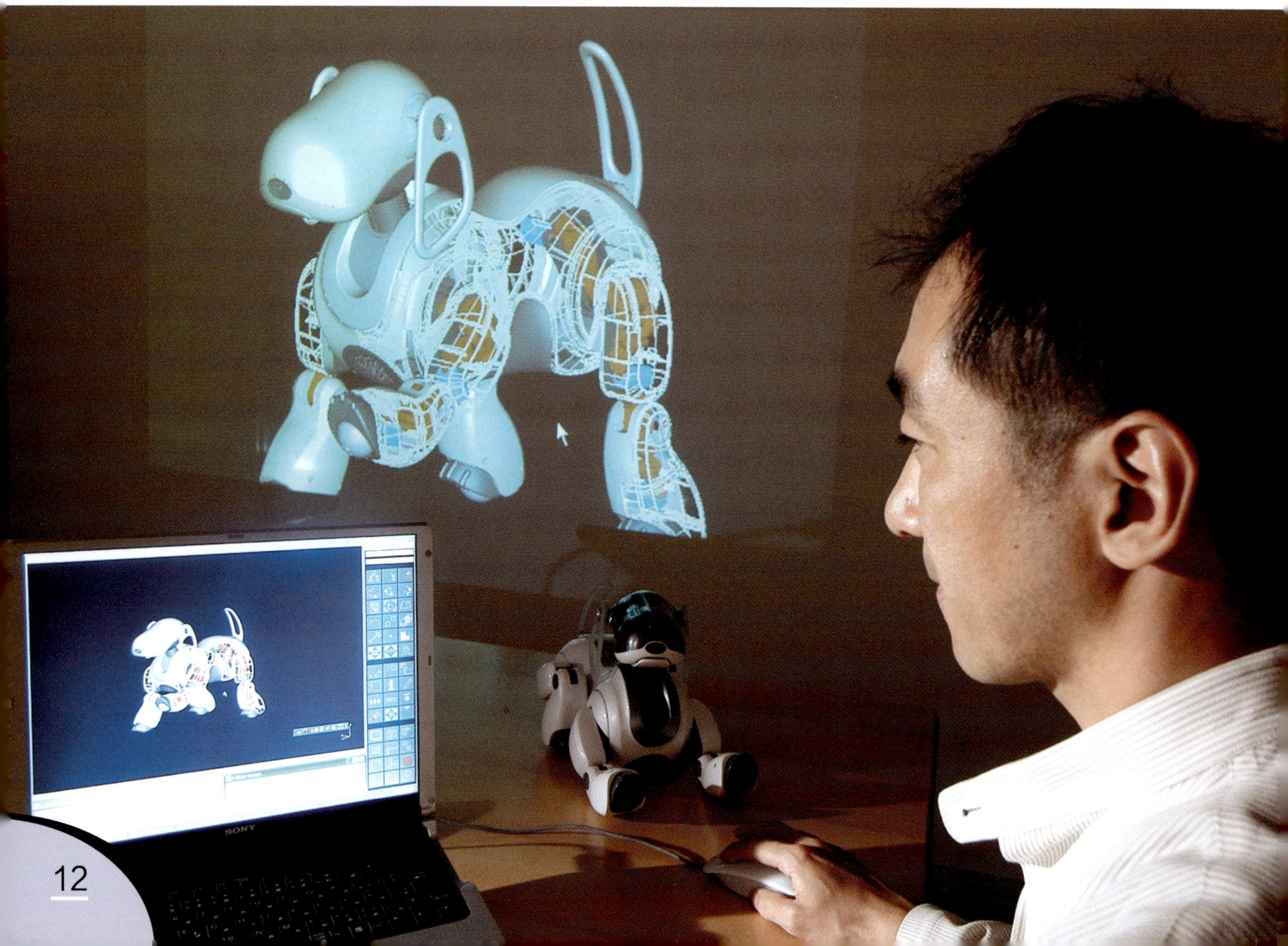

机器人的博客■

不称职的老师

今天上午我在工厂上了第一次培训课，我的老师可不怎么样。他们一直让我的胳膊朝错误的方向移动，然后一次次按下取消键。我的记忆芯片里太混乱了。如果我把工作搞砸了，他们会责怪我，但这是他们的错。一个机器人只能做主人让它去做的事情。■

一个程序员在检查机器人钻头钻孔的位置是否正确。

就像这样做……

一些机器人可以通过移动它们的零部件来接受训练。首先，人类老师将机器人设定在学习或训练模式，准备好接收指令。然后老师以正确的方式抓住机械臂，让机械臂和其他零部件动起来。机械臂关节的传感器检测它们移动的路径，并将结果发送到机器人的计算机存储器上。

这个人形的机器人有一个摄像头“眼睛”，它能检测到老师的动作，因此机器人可以重复这些动作。

是机器人还是人类

如何将工作机器人和人类的工人进行比较呢？他们都有各自的优势和劣势，谁优谁劣在一定程度上取决于任务。有些工作更适合机器人，而有些工作人类做得更好。

机器人的优点

机器人在工厂、仓库之类的地方可以长时间工作而不会觉得厌倦或者无聊。它们不需要因为喝水、吃饭或者去卫生间而休息。它们不会因为注意力不集中而忘记它们正在做什么。它们不会介意艰苦的工作环境，如高热、高寒、难闻的气味和浓烟。它们不需要假期也不会生病。它们可以数百万次用完全相同的动作完成同一项任务。各式各样的机器人可以比人类更快速、更强大、更精准或更加温顺——而且还不需要付给它们工资。

你知道吗？

工作环境

当工厂因节假日关闭时，机器人也处于关闭状态。但是当人们离厂后，机器人会不会再次自己启动呢？也许它们会聊一聊工作环境，以及它们是不是被清理干净了，有没有被维护保养好之类的话题。如果没有，它们也许会决定停止工作，举行罢工吧！

在报纸印刷厂，一辆机器人车负责运送巨大的纸卷，以便让它的人类老板腾出时间来检查报纸上的文章。

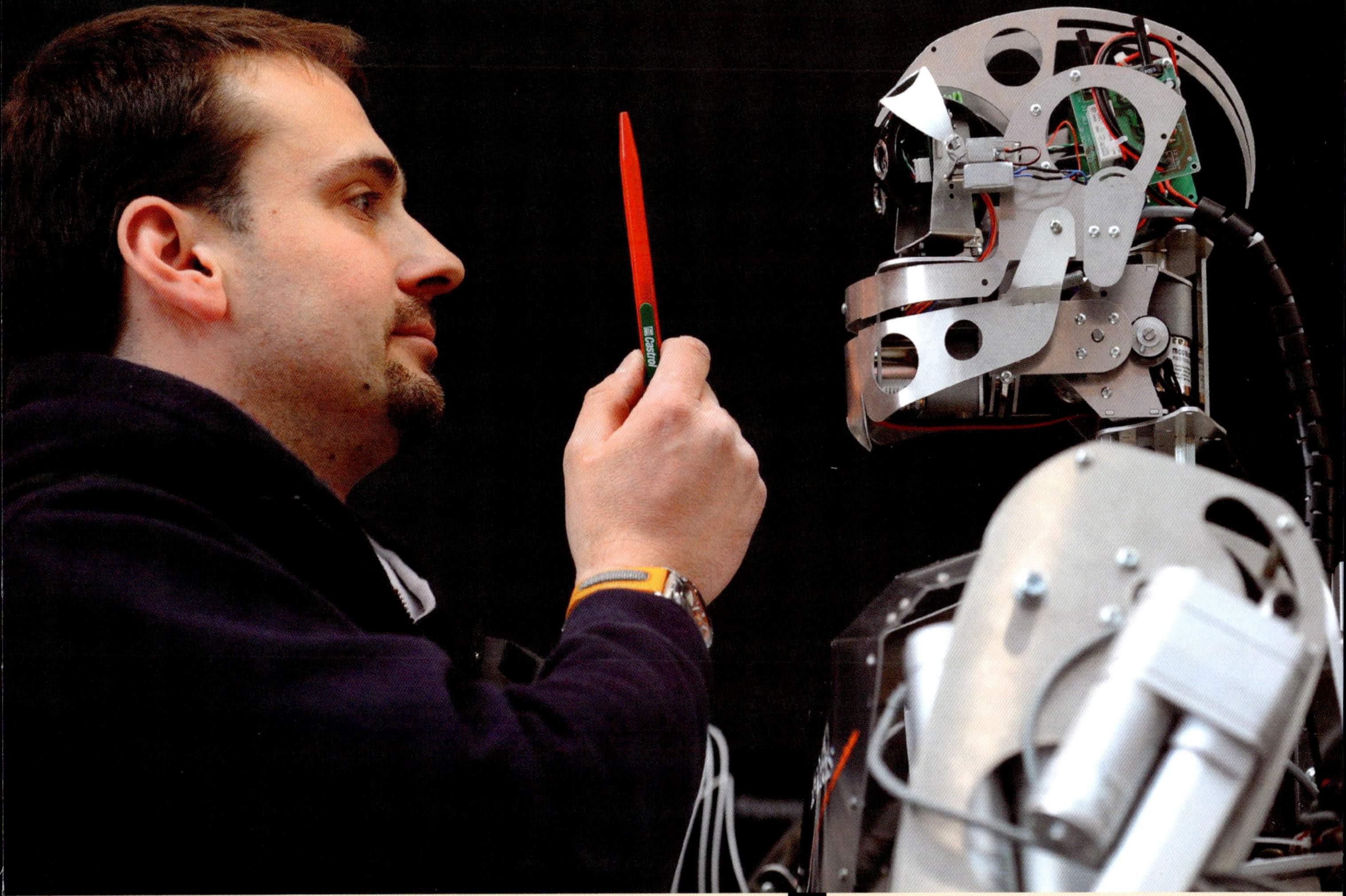

机器人的缺点

购买和装备机器人是需要花很多钱的。它必须训练有素并经过良好的维护。它需要电力和其他的供应，而且不能永不停止地工作——清理和维护机器人时必须关闭它，这叫作停机时间。机器人偶尔也会损坏需要维修。这一切都需要时间和金钱。即使做工再精良的机器人也不可能永远用下去，最终工厂老板不得不花更多的钱购买新款的机器人。

▲ 工程师和其他专家需要检查并调整他们的机器人，如果机器人损坏了就要修复它们。

▼ 使用机器人来控制交通意味着人们不用再冒被高速行驶的汽车撞到的危险。即使如此，人们也需要设置它们并把它们带走。

机器人的博客■

休息时间

我已经不间断地工作了243个小时。即使对于机器人来说，这也是一段很长的时间。我的电动机已经滚烫，关节变得僵硬。我需要休息一下。如果我用更高的速度干活儿，将给我的机械臂带来过大的压力——“啪”断了！太棒了！现在我可以在被修好前打个盹了。■

娱乐时间

玩具机器人是非常有趣的。它们的种类非常多，从可爱的动物到可怕的怪兽，从会走路说话的玩具机器人到机器人汽车和飞机，甚至有机器人宇宙飞船和外星人。

国际象棋机器人除了相互之间切磋之外，还与人类棋手比试棋艺。它们甚至可以在对弈前摆好棋子，棋局结束后再收好棋子。

我服从

很多玩具机器人都有麦克风可以检测声音，这样我们说的话就可以被检测到。机器人内的微型计算机将声音与储存器中的声音进行比对，这样它就可以识别“停止”或“往前走”之类的单词。然后小电动机转动使机器人朝各个方向移动。这类简单的机器人主要用来做孩子们的玩具。

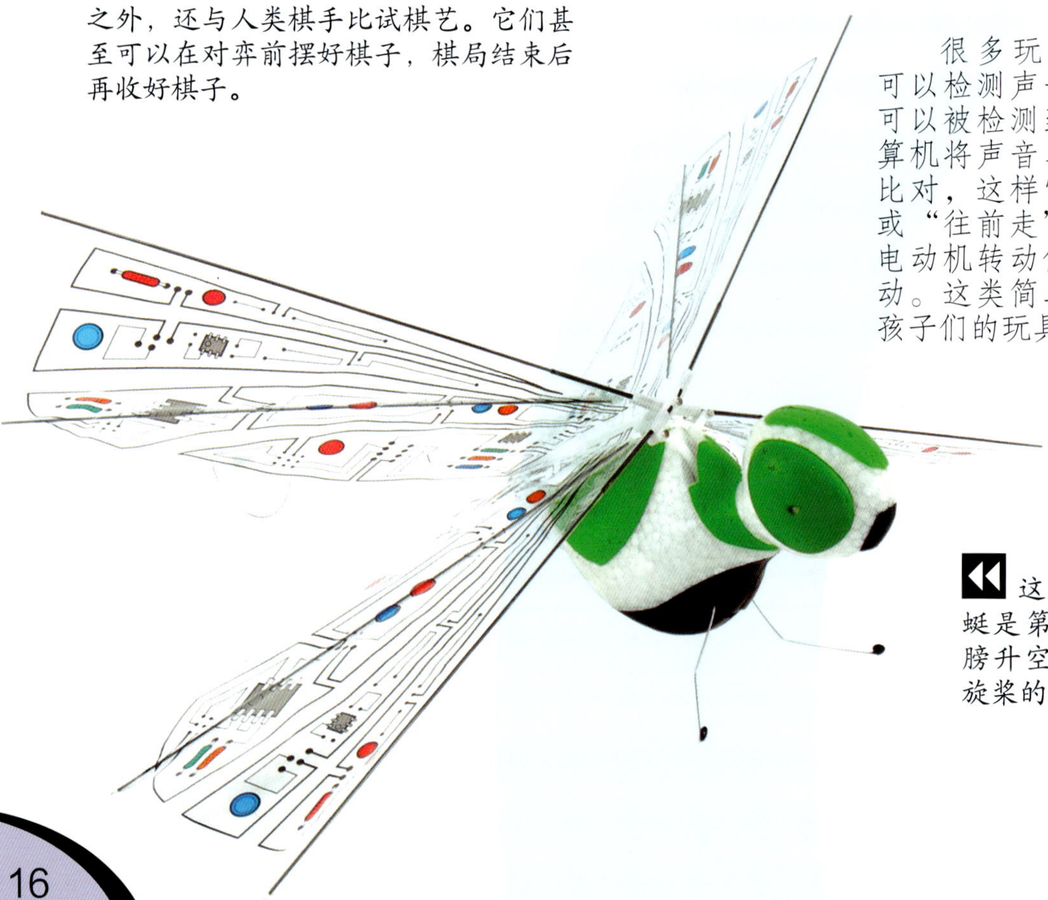

这个无线电遥控蜻蜓是第一款依靠拍打翅膀升空，而不是使用螺旋桨的玩具机器人。

更昂贵的机器人可以做的事那就更多了。有些装有摄像头或红外线传感器探测周围的物体，还能通过压力感应板和触碰杠记录物理接触。带附加电动机的机器人能有更多的可动部件，并且可以做出各种各样的动作。里面的微型计算机都是可编程的，在程序的控制下，这些机器人可能在一分钟前还显得很友好，随后却变得很吓人，甚至是准备战斗！

机器人游戏

有些机器人被设计用来玩游戏和猜谜。有些机器人会玩象棋、跳棋之类的桌面游戏。它们不仅在计算机大脑中制定下一步棋路，它们还会用机械臂拿起这些棋子把它们放在新的位置上。还有些桌面游戏和猜谜里有机器人的角色或是让它们扮演棋子。你掷色子或者抽取令牌，选择好你的战术，尽可能地向前移动你的机器人，把它从麻烦中拯救出来，最好的结果当然是你会赢得比赛。

史宾机器人有着与很多人类喜欢的机器人玩具和在动画片和电影中的机器人类似的设计。它看起来气势汹汹很有力量，有着大块凸起的“肌肉”。

机器人明星

史宾机器人

人类的智慧很强大，2004年就研制出了第一代史宾机器人。史宾机器人是一个可行走的人形机器人。2005年又推出了第二代，第二代史宾机器人体型和功能都更加强大，还加上了可编程的远程控制。它可以说、看、听和理解口头指令，感受到被触摸，可以握手、走路、屈身、躺和跳舞，还可以以其他方式运动。

机器人宠物

很多人都喜欢宠物——狗、猫、兔子、老鼠、豚鼠、田鼠、鸟、蛇、蜥蜴、鱼、蜘蛛等。你可以购买这些动物的仿生机器人。这些机器人宠物是机器而不是活生生的动物，但是它们能带给主人很多的乐趣，还能教给我们很多关于真实动物的知识。

这只机器人宠物狗可不仅仅只会跳舞，当你按下它的鼻子按钮时，它可以跟着自己播放的音乐节奏舞蹈起来。

是机器人吗？

电子宠物

电子宠物鸡在20世纪90年代是广受欢迎的电子宠物，直到如今它们仍然在销售。这些虚拟的宠物是带屏幕和按钮的小电子产品。主人必须喂养它们，保持清洁，还得和它们玩，使它们幸福和快乐。电子宠物鸡没有真实的身体，也无法做诸如摇尾巴和眨眼睛的动作，它们不是真的机器人宠物。它们通常被称作数码宠物或虚拟宠物。

生活宠物

当你拥有一只宠物时，你必须给它提供食物和饮用水，并为它提供一个舒适的地方生活。你需要确保它是清洁和安全的，还不会受伤或者生病。很多宠物，尤其是狗，需要锻炼和训练。这都需要花费时间和金钱。主人的付出得到的回报是一个幸福而健康的宠物，它会令你感到骄傲，它也乐于享受你的陪伴。

饲养像豚鼠这样的宠物需要很大的责任。它的主人需要给它买食物、笼子、寝具和玩具，如果主人离开家去度假时，还得安排人照顾它。而机器人宠物直接关闭就行了！

只是台机器

机器人宠物有很多优点：你不需要清理它们的笼子；它们生病了不用带去看兽医；当你离开时不用安排人照顾它们；它们没有气味，也不会产生太多的噪声；不会给对动物过敏的人带来麻烦。最大的好处是，你可以随时根据自己的意愿开关这类机器人宠物。毕竟，它们只不过是机器而已。机器人宠物有助于告诉人们，特别是年幼的孩子，宠物需要照顾和关怀。有时机器人宠物可以作为一个老师来教孩子们如何照顾真实的宠物。

你知道吗？

不好的主人

机器人宠物之间不能交谈或是发送信息也许是一件好事。如果它们可以彼此交流，它们可能会把它们的主人比来比去。有些疏于照顾宠物的人可能会被安上坏主人的名声。机器人宠物会尽量避开这样的人，以至于试图逃跑……

制造新的机器人

机器人像其他的机器和装置一样，是几个月甚至几年工作的成果。从最初的设计、测试，到重新设计，再次测试，一直在逐步改进。开发一种新的机器人可能需要长达五年的时间!

计算机设计

新的机器人大多数是在计算机上设计完成的。在电脑的储存器中有基本零件的图片，诸如操作杆、电动机、关节、齿轮和电线。设计者在屏幕上通过不同的方式把它们安装在一起，然后在电脑屏幕上观察这些零件如何一起工作和它们会持续多长时间。例如，一个庞大的机械臂需要强有力的关节。如果使用了强度不够的关节，在多次动作之后机械臂必然会折断。但在这个阶段，这些并不重要，因为机器人仍然只是电脑屏幕上的设计。

通用机械手

第一个真正的工业机器人是“通用机械手”。它从1961年开始在美国新泽西的一家汽车厂工作。通用机械手相当简单，就像一个有可移动机械臂的盒子。它的任务是拿起高温金属块，并且把它们堆在一起。第一批通用机械手是工作原型样机，被用来测试并观察它是否会适合工厂的工作。设计取得了成功，并在1966年投入大批量生产。在现如今的工厂里，很多机器人都是基于通用机械手的原始设计开发出来的。

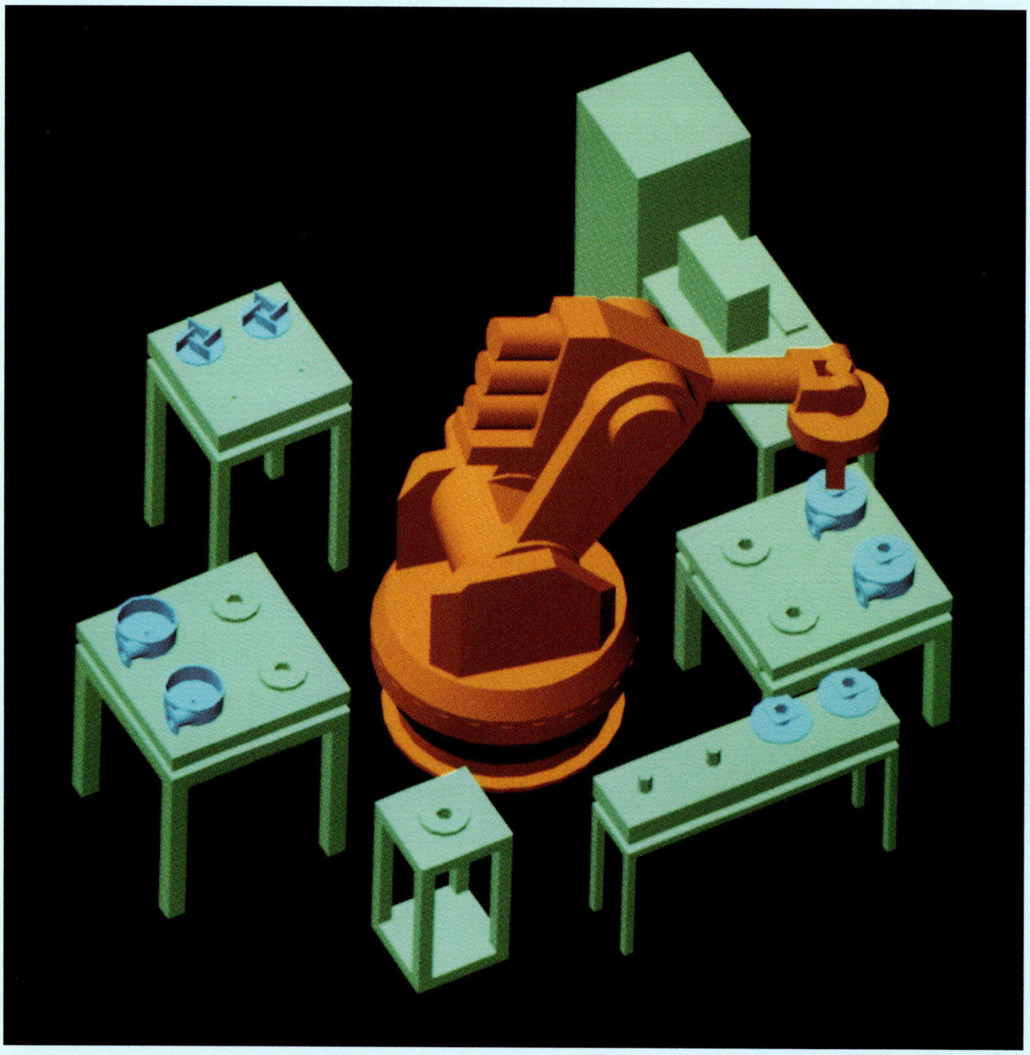

▶▶ 工厂机器人工作场所的布局是由计算机设计的，以确保机器人能够通过摆动和伸展手臂来拿到所需的所有零件。

▲机器人设计师需要用到多种工具和设备，从绘图板、绘图笔到初稿版本的电子电路。

早期阶段

在第一个设计阶段后，工程师制造了机器人的实体零件。这就是所谓的原型机。测试并观察这些原型机是否能正常工作，是否可以执行需要它完成的任务。当设计师和工程师将机器人视为工程样机时，接下来他们就能提出新的想法来改造出新的版本。

机器人的未来

装配机器人

印刷工艺指的是把油墨印在平面纸张上，有上下、左右两个维度。三维（3D）打印可以创造一个有厚度的、立体的物体。通常物体在盒子里被一层一层地“搭建”起来，这也被称为“塑型”。它可以为机器人样机或类似机器的零部件带来革命性的改变。在未来，你可能会在家里“组装”你的机器人。

是什么让机器人动起来

机器人玩具狗在摇尾巴，机器人桌面游戏玩家会投掷色子，工厂机器人能打孔。这些都是不同的动作，但在机器人设计和工程实践中，它们都有相同的运动基础。

机器人驱动器

机器人只有在装有能让它动起来的驱动器的条件下才能施展动作。一般来说，所谓驱动器就是电动机。迷你玩具机器人可能装有一个小得像豌豆一样的电动机，但工业机器人的电动机可能比一个成年人还要庞大。机器人的电脑微芯片通过给电动机供电时间的长短来控制电动机的工作时间。因此，当动物玩具机器人闭上眼睛时，实际是电动机接通了足够长的时间使它的眼皮向眼睛下方运动。

为实现运动而生的关节

人类的胳膊和手都是十分灵活的。因为我们每条手臂上有近30块骨头和50个关节。没有一个机器人的手臂或类似的部件能做得这么复杂。机器人工程师利用自由度的思路算出了机器人需要的关节数。

机器人手臂可以有一个向左或向右移动的关节，这是一个自由度。如果工程师添加另一个机械臂关节使其可以上下移动，那就是两个自由度。第三个关节部分让机械臂可以前后移动，这就形成了三个自由度。旋转或扭转关节使其一部分转动或旋转，是四个自由度。再加两个可转动关节可使总数达到六个自由度。这通常是一个机器人所必需的关节数，几乎可以让机械臂做任何你能想象的动作。

▼ 英雄1号机器人展示了它的手指的运动范围。它的“手腕”有一个自由度，可以向上和向下旋转。这些运动都是由圆形封装壳体中的电动机提供动力。

你知道吗？

所有重要的时间安排

机器人做动作的时间安排是十分重要的。如果机器人玩具的眼睛闭上然后快速睁开，它看起来像在眨眼睛。如果只是一只眼睛在眨眼，那它是在使眼色。如果它的眼睛闭上了一段时间，它似乎是睡着了。时间安排被编入到机器人的芯片储存器中，但真正聪明的玩具机器人可能会更改它的时间安排来戏弄它的主人，干点自己想干的事情。

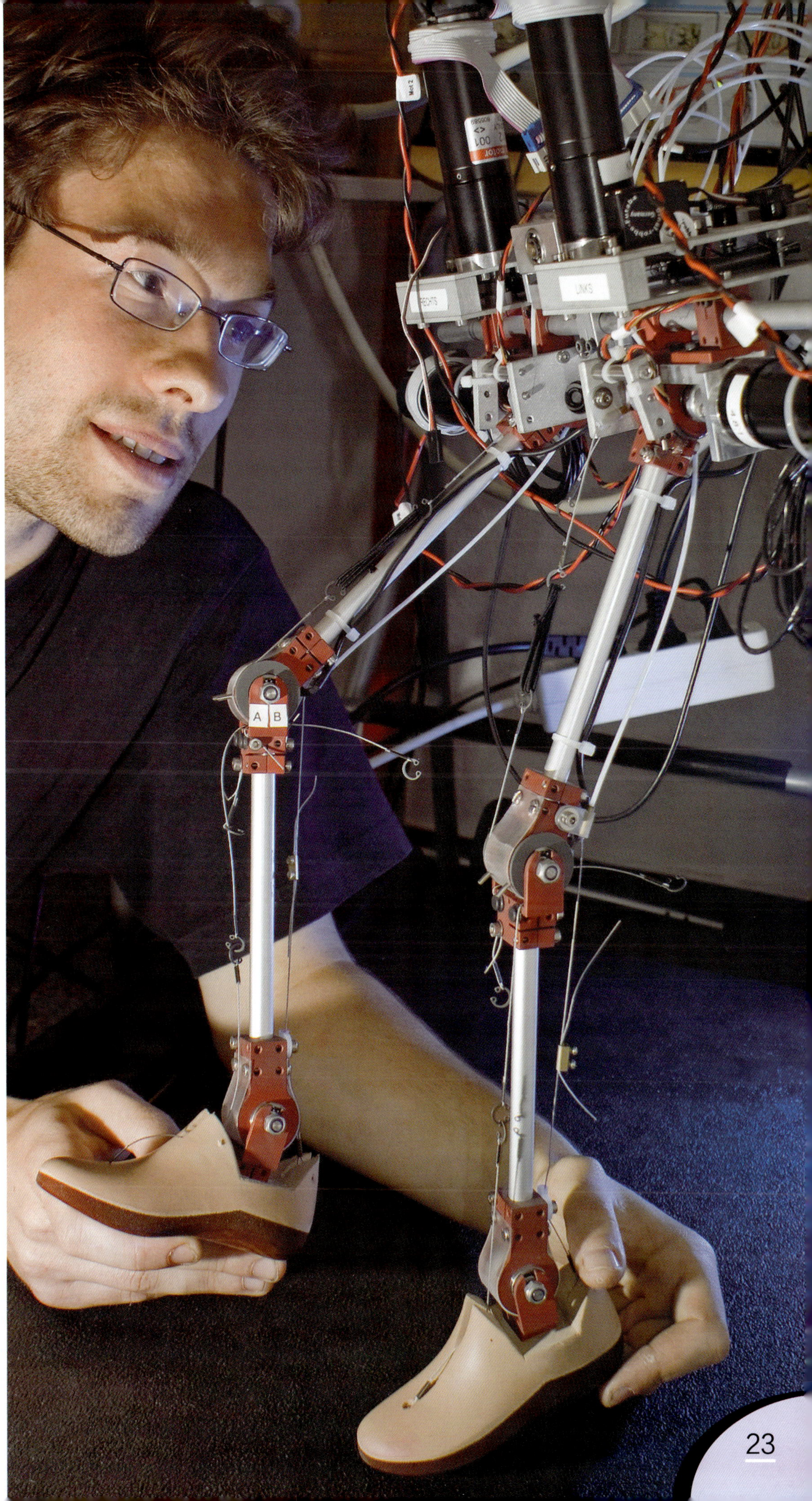

JenaWalker系列机器人测试了各种关节、电动机和控制器。其中一个目的是为帮助残障人士设计出更好的人工髋关节、膝盖、脚甚至整个腿部。

机器人产业

并不是所有的机器人都在大批量地生产和销售。有些卖不出去的机器人最终会被扔进垃圾堆。还有一些小批量生产的机器人，则可能因稀有而变得出名且价值不菲。无论是为工作还是娱乐而设计的机器人，它们都是机器人产业的一部分。

▲很多大城市都有机器人商店，人们可以买到成品机器人、机器人配套元件，也可以买到各种机器人零部件自己设计组装完成。

机器人的研究

有些机器人是限量版的，或是一系列版本中的唯一一个。它们被开发出来用来展示设计师和工程师的技术实力。它们通常被称为研究平台，探索在未来可能会对人类有帮助的新理念和技术。只有通过不断地制造和验证新的机器人，设计师和工程师才能取得进步。

大批量生产

其他的机器人仅用于大批量生产和销售，从而为公司赚钱。这和其他行业没有什么区别。卖的价格越高，利润也就越高，但它总会有个平衡点。一个具有先进功能的玩具机器人玩起来可能会很有趣，但如果它的价位在数千元以上，那能买得起的人肯定是非常少的，因此销量就会很低。制造商必须为每一款新品机器人制定一个合适的价格。这个价格既要足够低廉让人们买得起，也要让制造商获得满意的利润。除了制造成本，制造商还必须支付广告和发布新产品的推广费用。机器人产业可是不容小觑的大商机。

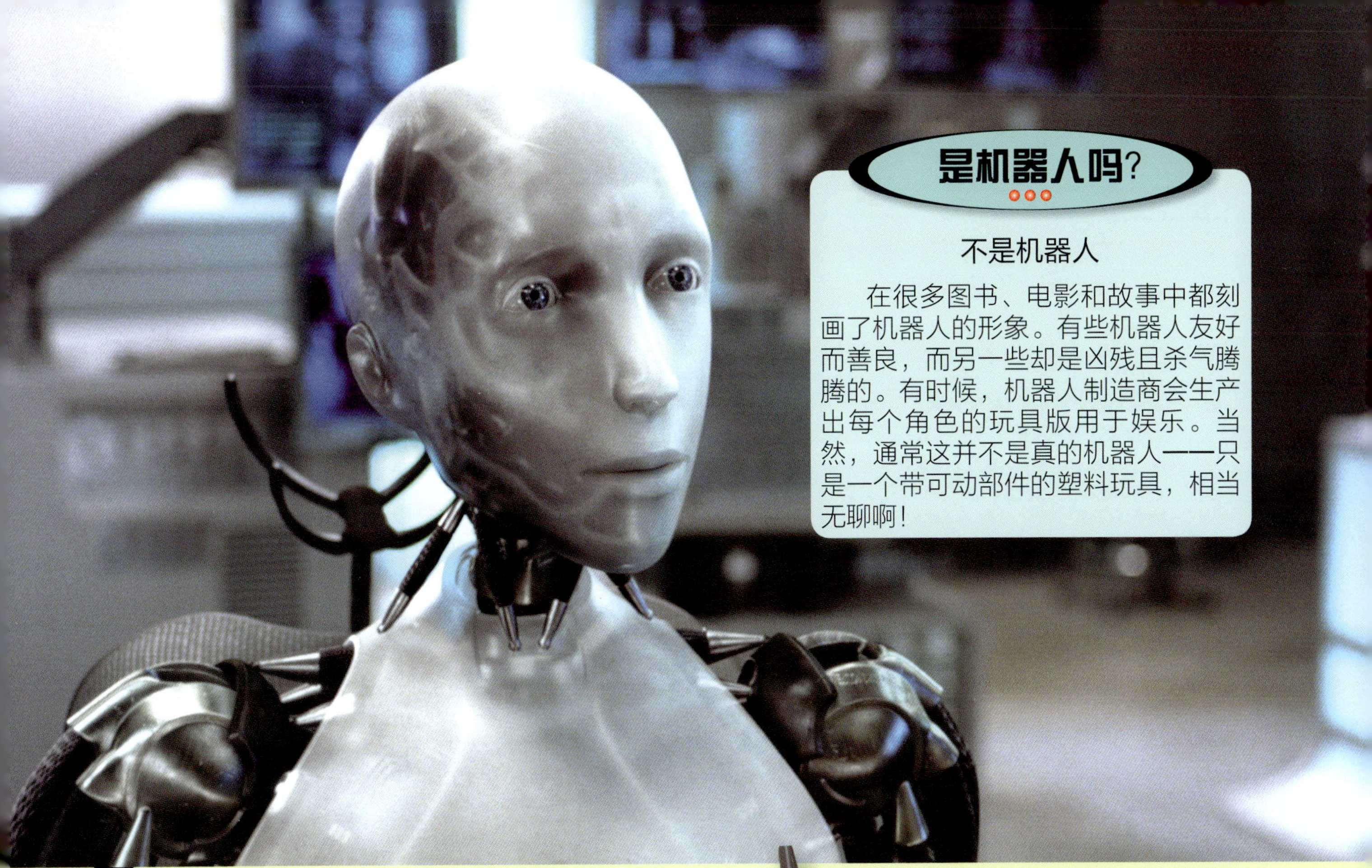

是机器人吗？

不是机器人

在很多图书、电影和故事中都刻画了机器人的形象。有些机器人友好而善良，而另一些却是凶残且杀气腾腾的。有时候，机器人制造商会生产出每个角色的玩具版用于娱乐。当然，通常这并不是真的机器人——只是一个带可动部件的塑料玩具，相当无聊啊！

▲在2004年的电影《机械公敌》中，桑尼是一种先进的机器人，它帮助人类对抗邪恶的机器人。很多玩具、模型和游戏都是以这部电影中的机器人的形象为原型。

机器人明星

Aibo机器狗

Aibo宠物机器狗于1999年问世。后来，几个改进版本相继推出，它们带有摄像头、麦克风、电动机，通过发光的图案显示宠物狗的心情，利用微型计算机做出认知和反应，利用内存条中的程序来控制新的动作和行为。但是，随着机器人技术的不断发展，2006年后Aibo宠物机器狗就停产了。

机器人和风险

机器人和其他的机器及设备一样，可能会出现问题。它们可能在重要的时刻损坏，也可能零部件脱落伤到人。工作中的机器人与强大的电力供应、高压液体或气体以及高浓度化学品紧密相关，再加上它们还有移动速度非常快的零部件，因此一旦机器人出现故障，会带来很大的危险。

对人类没有伤害

机器人技术的三大定律是机器人应该遵守的“法则”。它们并不是由真正的机器人专家编写的，而是由科幻小说作家艾萨克·阿西莫夫在1942年创作的。第一定律是机器人不应该伤害人类，也不能使人类受到伤害。现实生活中，确实发生过机器人伤害人类，不过那些都是意外事故，而不是机器人故意去伤害人类。1979年在美国密歇根的一家工厂，一个工人被机械臂击中不治身亡。这是有史以来第一次涉及机器人的人类死亡事件。

很多工厂和仓库里的机器人，像汽车工厂里的那些机器人一样，粗壮有力，动作快。尽管有保护装置、规则和预防措施，事故还是会偶有发生，只是非常罕见而已。

安全帽、护目镜、手套和坚韧的衣服都是为了减少受伤风险而设计的，这些危险不仅来自机器人也来自所有的机器。

大麻烦

在工厂里，机器人和很多其他强大的机器并行作业，例如钻头和焊接设备。所有这些设备如果出现损坏都可能会造成伤害，因此这些机器上有很多安全功能。机器人通常会被设计成一旦出现故障或者其他问题马上停止和自动关机。有些事故是由忘记安全提醒的人导致的，而不是机器人造成的。

小问题

小零件可能会从玩具机器人上脱落或折断，有可能带有锋利的边缘，它们还可能被小孩子吞下。可不只是机器人玩具，从可爱的泰迪熊到飞船模型，任何玩具都是有危险的。这些商品被送到商店销售之前都会经历很多的测试。

机器人明星

机器恐龙

机器恐龙有很多功能，包括情绪变化。如果你在它心情愉快的时候触碰它，它会摇尾巴，但是当在它警惕的状态下触摸它时，它会试图咬你！当然，机器恐龙咬人不会真的对人造成伤害。但它是第一款被设计成是恐怖的，而不是可爱的玩具机器人，它是真的可以吓到小孩子。

商店里有什么

每一年，机器人都会变得更加敏捷、更加聪明，而且会加装更多的传感器，拥有更多的动作种类和更多的功能。工作机器人会更加可靠，而娱乐用机器人会花更少的钱来提供更多的服务项目。我们的机器人助手和玩具会在未来变得更好。

现代的娱乐活动是一个多媒体互动的过程。人类、机器人、模型、动画、玩偶、漫画和计算机图形可以糅合在一起开一场有趣的盛会。

智能恐龙Pleo

智能恐龙Pleo是仿照一只幼年的卡玛拉龙制造的。它有很多传感器，可以做出很多种动作，可以成长并学会对它的主人做出反应。Pleo的主人们可以加入一个俱乐部，通过互联网聊天并比较他们的宠物。

流畅的移动者

随着科技的提高，游戏机器人变得更加真实，特别是它们的动作。研究人类和动物如何做动作的科学被称为生物力学，它应用于动物玩具机器人，以使它们的动作更加栩栩如生和流畅，这意味着和动作生硬、机械的旧款机器人相比更加顺畅和自然。这样的动作都是通过精密控制电动机来完成的。电动机的转速在工作过程中不断变化，而不是始终以全速运转。

机器人的博客■

令人兴奋的一天

我今天真的很兴奋。我的主人和我加入了一个为我这样的机器人而开设的俱乐部。我们在网上与俱乐部的其他成员聊天。我接入计算机，这样我就可以与在世界各地的兄弟姐妹见面了。当它们开启时，我将会看到它们学习了什么，正在做什么，我甚至还会下载一些它们的程序。成为一个互联网机器人可真有意思！■

上网

计算机和电子技术的发展有助于使机器人的大脑变得更加强大，这样它们就可以更快地学习，并拥有更大的记忆存储容量。最新的玩具机器人和它们的主人可以通过互联网在一个在线社区连线。这一趋势将在未来大有发展。工作机器人和它们的人类老师能够通过互联网联系对方。在线俱乐部和在线社区能让人们对比机器人的功能，为他们的机器人分享建议和交换程序。